培养聪明孩子的科学小发现

哇！
科学好简单

炸鱼从哪儿来

D'où vient le poisson pané ?

鱼类，贝壳类和甲壳类

［法］安娜－索菲·伯曼 著

［法］查理·杜德特尔 绘图

林苑 译

广西科学技术出版社

著作权合同登记号　桂图登字：20-2013-181号

D'où vient le poisson pané ? © Editions Tourbillon , 2011

©2014中文版专有权属广西科学技术出版社，未经书面许可，
不得翻印或以任何形式和方法使用本书中的任何内容和图片。

图书在版编目（CIP）数据

炸鱼从哪儿来／（法）安娜-索菲·伯曼著；（法）查理·杜德特尔绘；林苑译. —南宁：广西科学技术出版社，2014.4（2020.3重印）
（哇！科学好简单·培养聪明孩子的科学小发现）
ISBN 978-7-5551-0128-4

Ⅰ.①炸… Ⅱ.①安… ②查… ③林… Ⅲ.①鱼类—少儿读物 Ⅳ.①Q959.4-49

中国版本图书馆CIP数据核字（2014）第027265号

ZHA YU CONG NA'ER LAI

炸鱼从哪儿来

［法］安娜-索菲·伯曼 著　　　［法］查理·杜德特尔 绘　　　林苑 译

策划编辑：蒋　伟　王滟明　聂　青　　　责任编辑：蒋　伟
封面设计：于　是　　　　　　　　　　　内文排版：孙晓波
责任审读：张桂宜　　　　　　　　　　　营销编辑：曹红宝
责任校对：张思雯　　　　　　　　　　　责任印制：高定军

出 版 人：卢培钊　　　　　　　　　　出版发行：广西科学技术出版社
社　　址：广西南宁市东葛路66号　　　邮政编码：530023
电　　话：010-58263266-804（北京）　0771-5845660（南宁）
传　　真：0771-5878485（南宁）

经　　销：全国各地新华书店
印　　刷：唐山富达印务有限公司　　　邮政编码：301505
地　　址：唐山市芦台经济开发区农业总公司三社区
开　　本：850mm×1000mm　　1/16
字　　数：100千字　　　　　　　　　印　　张：4
版　　次：2014年4月第1版　　　　　印　　次：2020年3月第9次印刷
书　　号：ISBN 978-7-5551-0128-4
定　　价：20.00元

目录

谁在卖鱼

"你知道炸鱼是从哪里来的吗？" "炸鱼？就是那种四四方方、角上有眼睛的鱼啊！这种鱼是专门用来做炸鱼的。"每问一个人，得到的答案都不同，真是说什么的都有！我越来越好奇，炸鱼金黄的脆皮下藏着的究竟是什么呢？今天，我专门找到了卖鱼的大叔。

卖鱼大叔的鱼从哪里来

凌晨两点，我就来到大市场。市场门前停满了车，简直就是大卡车在开舞会！司机们正把一箱箱鱼、螃蟹和一袋袋青口贝从车上卸下来……我们走进一栋巨大的楼里。咦……这里面好冷啊！叔叔阿姨们都穿着白色大衣在忙前忙后。我好奇地凑上前去……

采访水产批发商

Q1 这里为什么这么冷？

因为才10℃！低温是必须的，海鲜都很脆弱：从海里到餐桌，这一路都得保证它们过得凉快！这样你们才能吃到新鲜的海鲜哦。

Q2 这里的人都在做什么呢？

大家必须在顾客到来之前将海鲜一箱箱整理排放好。我们的顾客通常是市场的卖鱼人和餐厅的厨师。

Q3 那您的职业是什么呢？

我是水产批发商。水产贮运商从渔民手里买进海鲜，他们再卖给我。然后我再将海鲜零卖出去。

Q4 大市场里能见到水手和渔夫吗？

这里可没有！要见他们，得上渔港去！

这是什么

我终于找到了卖鱼大叔，他正站在一个装着怪鱼的箱子前。

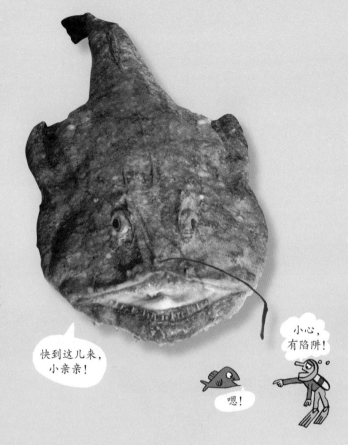

这是一条蛤蟆鱼。它的肉非常鲜美，但卖鱼人通常会先切掉它的头再将它摆上鱼摊。它长得的确很吓人，你瞧，那张大嘴，那些牙齿，还有用来吸引小鱼上钩的鳍刺。

快到这儿来，小亲亲！

嗯！

小心，有陷阱！

从海里到餐桌

你今天吃到的鱼很可能是昨天从海里捕捞上来的！多亏了冷冻车里的冷冻箱，它们才能在到达你的盘子时还保持新鲜。

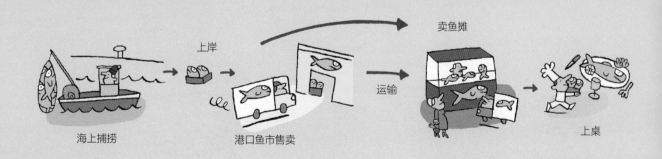

上岸

卖鱼摊

运输

海上捕捞

港口鱼市售卖

上桌

炸鱼从哪儿来

批发商们在市场出售各种来自世界各地海域的鱼类、贝壳类和甲壳类海鲜。

去哪里买鱼

我到达港口的时候正好赶上渔船靠岸，船员们忙着把捕到的鱼和其他水产品卸下船。"你好啊，"有人拍了拍我的肩膀对我说，"我是港口鱼市的经理。你要是对捕鱼感兴趣的话，我可以带你四处看一看哦。"

炸鱼从哪儿来

船员用双手或者小吊车将一箱箱的鱼、蟹、海螯虾从船上卸载到码头。

港口鱼市里，人们将海鲜按照种类、大小分拣好，然后就可以竞价出售了。

这是什么？

这是竞价的遥控器。

→ 港口鱼市是什么地方？

那是港口的一栋建筑，捕捞上来的水产就在这里贩卖。鱼市有很多箱子，每个箱子里都有一张纸，写明箱子是从哪条船上卸下来的。

→ 这个地方任何人都能来吗？

一般情况下，只允许来买鱼的批发商和大卖场的采购员进入，附近的鱼贩也可以直接来这里进货哦。

→ 那块写满数字的显示板是做什么的呀？

用来显示这些水产品的价格。有时候，会有几个买家同时对某一箱水产感兴趣，这就需要用到拍卖的办法，出较高价钱的人才能得手。

这是什么

在港口鱼市，工人们从凌晨5点就开始忙活了。他们在加工头天夜里捕捞的新鲜的鱼，这可真是一件技术活儿！

鱼是谁捞上来的

昨天，我在码头认识了以捕鱼为生的罗南，我们约好今天凌晨在他的船帕蒂萨卡号上见。我到的时候，天还没亮呢，他手下的两名水手正在把空箱子往船上搬。"松开缆绳，马上出发！"他大声喊道。我们就这样离开了港口……

炸鱼从哪儿来

凌晨4点

❶ 帕蒂萨卡号停靠在码头。这是一艘长10米的小拖网渔船，共有三名船员。

帕蒂萨卡号，我来啦！

6点

❷ 天慢慢亮起来……水手们撒下一张海底拖网，三个小时后才能将网收回哦。

浮游拖网（中层拖网）

海底拖网

浮游拖网用来捕捞那些中层水域的鱼，比如鲈鱼、鲭花鱼……
深海拖网则搜捕躲在海底的鱼虾，像蛤蟆鱼、乌贼、海螯虾、鳎目鱼……

9点

❸ "准备拉网！上！"罗南喊道，"大家小心手指！"链条哗啦啦一阵响，绞车将网收了上来，卷在一个硕大的轮轴上。

9点15分

❹ 打开网底，鱼儿们一股脑散到了甲板上的大池子里。牙鳕，小鳕鱼，蛤蟆鱼，墨鱼……收获不错哇！"准备重新下水！"罗南又喊道

炸鱼从哪儿来

⑤ 迪米特里把鱼按种类分好，再将它们剥肠去肚。做完这些后，他把鱼洗干净装箱，再盖上一层碎冰。

⑥ 撒了三回网，准备撒了！回程中，迪米特里修补起了被撕烂的网眼。

17 点

2

7 码头上，雅尼克和罗南将一箱箱鱼卸到港口鱼市前。

17 点 30 分

GV 302 894

GV

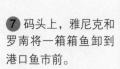

8 渔船回到停泊的位置，罗南和雅尼克将缆绳牢牢系好。清理完毕后，船员们终于可以回家了。洗个热水澡，吃顿热饭菜，再睡上几小时，就又要出发啦！

如何捕蟹

在一艘船的甲板上摞着几百只黑色网线编成的筐子，我好奇地走上前想仔细观察一下。"嘿！这些黑筐是用来捕捞螃蟹的，"船老板跟我说，"你要感兴趣的话，可以跟我一起出海去看看。"实在是太好啦，我又可以出海了。出发！

炸鱼从哪儿来

① 船员用绞车把一只只筐提上来。这个里面有只蟹！

② 水手们把捕上来的螃蟹装到箱子里。

③ 箱子满了之后就被泡在装有海水的水舱里，这样螃蟹们就能一直活着。

④ 人们接着又往筐里添上诱饵，丢进海里。

哎哟喂，连水手都会晕船的啊！

⑤ 捕捞结束后，必须用水将船清洗干净。

⑥ 回到渔港，船长将一箱箱螃蟹、蜘蛛蟹和龙虾沉进装满海水的大池子里，他们管这种大水池叫活鱼舱。

⑦ 虾和蟹随后被摆放在浅口筐里，等待出售。

采访船长

我向"躲"在驾驶舱里开船的船长提了好几个问题。

Q1 我们这是去哪儿啊?

去我们昨天放下黑筐的地方。我们用浮标做了标记,所以很容易找到。

Q3 那这一路你们都做些什么呢?

一位船员可以休息一会儿,另一个人今天值班,所以需要准备好我们一会儿要放到筐里的诱饵。

Q2 你们一共放了多少只筐呢?

24 处浮标,每处浮标的尽头有 40 只筐。也就是说,一共有 960 只!我们还得再走 4 个小时左右,日出的时候我们就能到那。

Q4 都是什么做诱饵啊?

新鲜的竹笑鱼和小鳕鱼是螃蟹龙虾蜘蛛蟹最喜欢的!它们会钻进筐里吃美味的食物,然后就再也出不来喽!

小浮标和信号旗让渔民们能很容易地找到放下那一长串筐子的地方。

蜘蛛蟹 →

龙虾 →

→ 蟹

你知道吗

　　螃蟹长得非常慢。你吃到的蟹至少已经有 3 岁了！它们必须长到 13 厘米，人们才能捕捞，不然，就算捞上来也得扔回海里！

沙丁鱼罐头是怎么做成的

回到岸上，我看到一家小工厂。"这是什么地方？是做鱼的吗？""这是一家罐头厂，沙丁鱼就是在这里被做成罐头的，"厂长告诉我，"鱼从海上打来后，就由我们的工人来加工，把它们变成大家爱吃的罐头。"

炸鱼从哪儿来

总算松了一口气：头两次一条鱼也没捞着，这次沙丁鱼终于来了！

哇噻！

采访船长皮埃罗

你知道吗

渔民们用一只底部能收紧的网将沙丁鱼群围住。这种网叫做围网，而捕金枪鱼的网则叫拉网。

Q1 皮埃罗，你们捕沙丁鱼的船上有多少人啊？

一共有六个人：四个船员，一个机械师水手，当然啦，还有我，老板！

Q2 那你们是怎么找到沙丁鱼的呢？

电子地图

我很熟悉鱼出没的海域。先是在电子地图上找到我们自己的位置，然后就来观察我的探测器。

Q3 探测器？

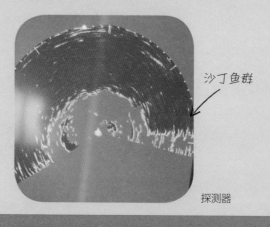

沙丁鱼群

探测器

有了这个工具，我能发现水下的鱼。看屏幕……你能看到那群沙丁鱼吧，这时候就该撒网啦！

罐头厂

去除内脏

① 沙丁鱼装箱后运到工厂，每箱大概
能装三百条。

② 一位工人把鱼浸泡到盐水里。

③ 工人们在用刀处理沙丁鱼：
切掉鱼头，去除内脏。

先炸熟，再装罐

④ 将沙丁鱼在盐水里洗净，接着捞出来晾干，然后在滚烫的油里炸熟。

小心！烫！

⑤ 工人们用剪刀剪去鱼尾和鱼鳍，然后将它们头对尾地摆放到铁盒里。

⑥ 将沙丁鱼浸泡在油中，随后将铁盒密封、消毒，这样可以避免细菌的侵入。

现在该是我来仔细品尝沙丁鱼的时候啦！

捕鱼分季节吗

前天，昨天，春天，夏天，秋天……

一整年，我都在关注渔民叔叔的工作。

我发现，不同的季节，他们捕的鱼也

不一样！

鲈鱼

➔ 捕沙丁鱼讲究季节吗？

是的，夏天是最合适的。夏天，沙丁鱼会成群地生活在近海。等它们游走了，我们就捕别的鱼。

➔ 为什么夏天沙丁鱼特别多呢？

因为那是它们繁殖的季节啊。

➔ 那如果在这个时候捕捞，它们岂不是不能繁殖啦？

还是可以的，但前提是，我们必须留下足够多的鱼，留下来的这些就可以完成繁殖的任务，因为一条鱼就可以产成千上万只卵。但一定要非常注意，千万不能过度捕捞，不然就会影响它们繁殖后代了，这也是为什么有时候会有禁止捕鱼的休渔期。

牙鳕

乌贼

鮟鱇

鲂

扇贝

龙虾

24-25

炸鱼从哪儿来

这是什么

船遇到了风暴！渔民们可不是只瞅着天气好才出门的。春夏秋冬，他们都在海上。海风卷着浪，那些海浪有时比房子还高。如果海上天气真的太糟糕，船就会停留在港湾里避开风暴。

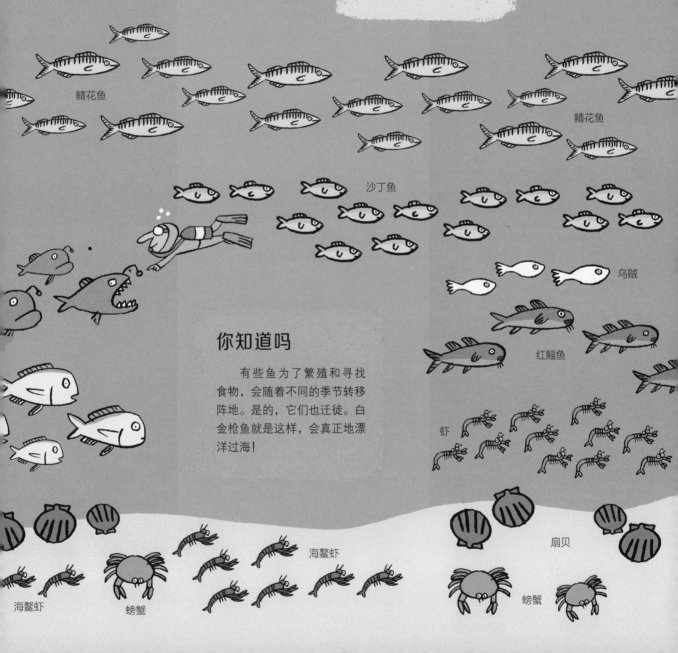

你知道吗

同一种鱼可以有不同的名字！例如，蛤蟆鱼的学名叫鮟鱇（ānkāng），鳕鱼的别称是大头腥。

鲭花鱼

鲭花鱼

沙丁鱼

乌贼

红鲻鱼

你知道吗

有些鱼为了繁殖和寻找食物，会随着不同的季节转移阵地。是的，它们也迁徙。白金枪鱼就是这样，会真正地漂洋过海！

虾

海螯虾

扇贝

海螯虾

螃蟹

螃蟹

加工船是什么

在码头，我看到一条巨大的船停泊在那里。船的保安—— 一位退休的老水手告诉我："这是一条加工船，可以直接在海上加工捕获的水产。你现在可以上去参观，他们明天就出发去北海了，要在海上度过三个月。这次可是要去捕大鱼哦。"

炸鱼从哪儿来

上甲板

船舱

船舱是船员们休息的地方，睡觉、放松都在这里。他们每天最多可以在船舱里待上 6 个小时。

驾驶舱

这是船长和他的副官们的地盘。所有航海工具都在这里：电脑，探测仪，雷达，广播，等等。在船上，只有船长一个人说了算，大家都要听从船长的指挥。

机房

这可是整条船的心脏。就是靠这些机器来推动船的行进，船上的一切，从照明的灯到电冰箱，才能得以运转。

机械车间

这儿可真热真吵，机器运行发出巨大的轰鸣声，还散发出大量的热量。机械师正看守着发动机，好及时排除一切故障。

你知道吗

这艘船上有 40 个人：
- 船长和两位副官
- 大厨和他的下手
- 面包师
- 6 位机械师
- 水手长
- 修补渔网工
- 22 位水手船员

海上巨人

约瑟夫·罗缇二世号是一艘体积庞大的工业渔船。它有 90 米长！

修补渔网工

甲板

船员们在水手长的指挥下干活。不管什么天气，他们都要操纵那巨大的拖网。

船上只有一张网，而且经常被撕烂。修补渔网的师傅得经常带领他的手下在那里缝缝补补。

你知道吗

船上要储存保证船上所有人员 3 个月生活的物品！得有：

- 4 吨肉
- 1200 升牛奶
- 3600 只鸡蛋
- 用来制作面包的两吨面粉
- 3 吨水果和蔬菜

还有大量淡水和燃料。

厨房

船员休息区

大厨在这里给船员们准备吃的。船员要吃饱吃好才有好的心情和充沛的体力干活儿。每天，面包师都会烤制新鲜的面包。

水手们在这里用餐、放松、恢复体力。

工厂

螺旋桨

方向舵

船上还有一个小工厂！水手们轮流在这里工作，机器先将鱼剥肠去肚，再由水手们片好鱼肉，放入冰柜中冷冻起来。

怎样制作美味的炸鱼

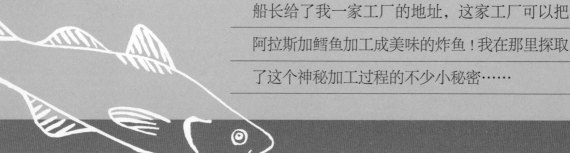

船长给了我一家工厂的地址，这家工厂可以把
阿拉斯加鳕鱼加工成美味的炸鱼！我在那里探取
了这个神秘加工过程的不少小秘密……

蟹肉棒的小秘密

炸鱼从哪儿来

❶ 海上
　　在加工船的工厂里，鱼排被洗
净沥干后绞成肉泥，然后冻起来。

❷ 陆地上
　　鱼肉泥中加入面粉、蛋白和调
料拌匀，然后压成长条，用辣椒红
染上红色。

在海上

1 **我的鱼是最新鲜的**

　　大拖网将北太平洋的鱼捞了上来，这是阿拉斯加鳕鱼。

2 **目的地：船舱**

　　鳕鱼们坐着类似滑梯的东西，直接滑到了船舱里。

3 **只留最好的**

　　在船舱里，加工厂的机器在水手的监控下将鱼切开，掏净，洗好，然后片成鱼排。一根鱼刺也不留下！

4 **鱼肉砖**

　　鱼排被叠放在一个长方形的容器里速冻起来，变成了一块块速冻鱼砖。

在工厂

炸鱼从哪儿来

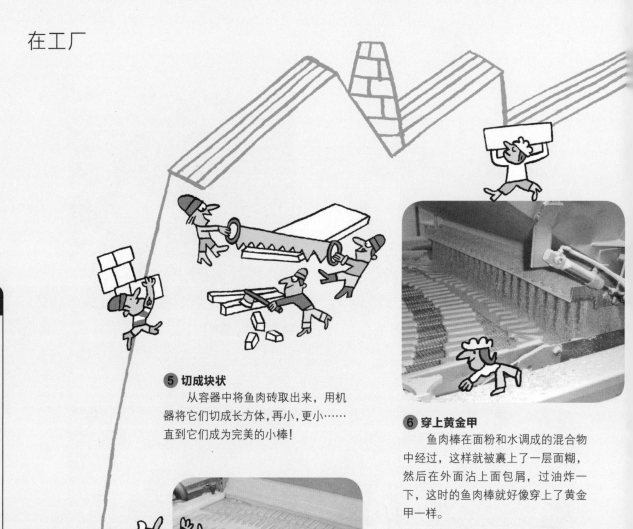

5 切成块状

从容器中将鱼肉砖取出来，用机器将它们切成长方体，再小，更小……直到它们成为完美的小棒！

6 穿上黄金甲

鱼肉棒在面粉和水调成的混合物中经过，这样就被裹上了一层面糊，然后在外面沾上面包屑，过油炸一下，这时的鱼肉棒就好像穿上了黄金甲一样。

7 最后一关

鱼肉棒经过滚毯，把身上多余的面包屑抖落。

8 装盒

炸鱼就是这么来的！随即将它们装进纸盒里。到了厨房，只需要把它丢进平底锅煎到金黄就可以吃了！哇，真好吃，脆极了！

鱼类真的会灭绝吗

世界上每天都会有成千上万的野生鱼被捕捞。"金枪鱼濒临灭绝！" "鳕鱼正在消失。" 我们常常听到诸如此类的话。到底发生了什么？我找到一位海洋生物学专家来解答我的疑问。

你知道吗

海洋属于谁？

一个国家海岸线70公里以内的海洋都属于这个国家。再往远处，海洋属于所在的大洲。再远，更远……海洋属于全人类！

炸鱼从哪儿来

地中海和热带大西洋的红金枪鱼捕捞作业

允许捕捞的尺寸标准（法国）

 0 蛤蜊：3.5厘米

 5 扇贝：10.2厘米

虾：5厘米

 10 沙丁鱼：11厘米

 15 黄道蟹：13—14厘米

金枪鱼有很多种类，有红金枪，白金枪，还有热带白金枪和主要用来做成罐头的鲣鱼。地中海的红金枪鱼最受欢迎，因此往往被过量捕捞。

鳎目鱼：24 厘米

鲈鱼：36 厘米

采访海洋生物学专家

Q1 鱼类真的濒临灭绝吗?

并非全部,但部分种类的确面临这种危险。这些鱼被过量捕捞,没有足够的时间去产卵,去繁衍后代,它们的库存数量就越来越少。

Q3 为什么要捕这么多鱼呢?

因为地球上的人越来越多呀!吃鱼的人增多,就必须捕捞更多的鱼来满足人们的需求。而且捕鱼的船和工具也越来越强大高效,能在短时间捕获大量的鱼。

Q2 鱼类的"库存"?

就是海里某一类鱼的总数,不分重量大小性别。科学家会监控鱼类的数量,在必要时拉响警报,这时就需要政府部门采取必要措施来限制捕捞。

Q4 那这样会造成很严重的后果吗?

是的,对于某些鱼类以及以它们为食的生物的确是一件很可怕的事情。海洋生物的食物链遭到了威胁,长期下去,一定会引发难以想象的后果。不能再这样下去了,必须做点什么!

允许捕捞的尺寸标准(法国)

0 蛤蜊:3.5 厘米   **5** 扇贝:10.2 厘米

虾:5 厘米   **10** 沙丁鱼:11 厘米   **15** 黄道蟹:13—14 厘米

怎么办

捕捞许可证

职业渔民的数量是有限制的。必须有卡或者证书，他们才有资格在某段时间内捕捞一定数量的鱼。

必须遵守限令

若发现某种鱼面临过量减少危险，科学家必须立刻向政府报告。再由政府对允许捕捞的数量进行定额分配。所有人都必须严格遵守政府的指令，不可过度捕捞。

禁渔

为了让海洋生物有足够的时间繁衍后代，某些时间段必须禁止捕鱼，这就是我们常说的休渔期。如果情况继续恶化，就必须出台禁渔令，全面禁止在特定海域捕捞某一特定种类的鱼。

放过小鱼

渔网的网眼大小是标准的：必须让小鱼可以逃脱，给它们时间长大然后繁衍后代。下面这把尺子标出了螃蟹、扇贝、鱼允许捕捞的尺寸。太小的，是必须扔回海里的哦。

鳎目鱼：24 厘米   鲈鱼：36 厘米

鱼可以人工养殖吗

既然有些鱼面临灭绝危险，那为什么不像养家禽一样来养鱼呢？"不是所有鱼都能人工养殖的，"海洋生物养殖场的负责人安德烈回答我，"它们是野生动物，所以不是我们想养就能养活的。但是现在我们可以养殖鲈鱼、黄花鱼、多宝鱼、三文鱼这些鱼类了，也许再过不久，就可以养殖鳕鱼了哦。"

你知道吗

日本是最早开始淡水和海水养殖的。日本一些多山的岛没有足够的土地种植农作物和养牲口，所以在几千年前，人们就开始种植海带和人工养鱼作为渔业的补充。

炸鱼从哪儿来

养殖鲈鱼和黄花鱼的鱼笼是围成圆圈的口袋形大网。它们靠浮标漂浮在海里，并用水泥块来固定它们的位置。

鲈鱼和黄花鱼的一日三餐由饲养员或自动撒料机送上。

根据顾客的不同需要，鱼在长到两三岁的时候就会被工作人员用抄网捞上来。

这是什么

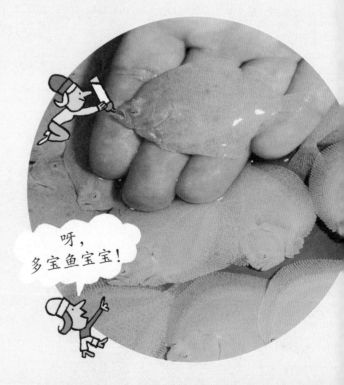

这是一个多宝鱼养殖场，池子里的水是直接从海里抽上来的。这些扁平的鱼很少在海里游动，常常是贴在海边的沙子上生活，所以比较容易在池塘里养活。

呀，
多宝鱼宝宝！

采访养殖场负责人安德烈

Q3 养鱼是一件很费工夫的事情吗?

Q1 您工作的内容是什么?

是的,因为鱼需要有足够的空间去游动,而且水必须保持清洁,有足够的氧气,温度也要合适才行。只有这些条件都满足了,它们才能健康成长。所以不要小看养鱼哦,这里面学问可大着呢。

养殖鲈鱼和黄花鱼。它们一生都将在这儿度过,从鱼卵直至长成大鱼。

Q4 您都拿什么喂它们呢?

Q2 您把它们养在什么地方呢?

鱼苗以浮游生物为食,长大后就给它们吃鱼粉。

一般来说,先将鱼苗养在水族箱中,等鱼苗长大后,就把它们放进密闭的海水围场里,这样的海水围场叫做鱼笼。有些鱼也可以直接在陆地上的水池中养殖哦。

Q5 这个菜单可真有意思!

野生鲈鱼长大后的食物是鱼……所以不要觉得奇怪,而且鱼粉比新鲜的鱼要容易保存得多,所以我们选择了鱼粉来喂养它们。当然,对鱼粉的挑选也得小心,鱼粉必须来自数量更多的鱼,不然就是得不偿失啦。

虾从哪里来

"红虾，养殖于马达加斯加。"我的袋子上写着。也就是说，这些小虾也能养殖？没错，真的有养虾场，比如印度洋的马达加斯加岛上，那里就有！我联系了常年在那工作的米亚丽，想请她为我讲解一些关于养虾的知识。

你知道吗

　　虾分好几百种呢，有大虾，像大红虾和老虎虾，在大西洋沿岸也生活着许多小虾。还有一些更小的，小到我们肉眼都看不到哦。

我用捞网捕虾！

大红虾

马达加斯加养殖场的池塘很浅，塘里的海水被太阳晒得很温暖，含氧量足，正是虾最喜欢的地方！

青虾

采访养殖员米亚丽

炸鱼从哪儿来

Q1 虾是如何养殖的呢?

其实跟养鱼差不多,虾卵在水族箱里孵出后会在里面生活一段时间,但在很小的时候我们就会将它们放入大池塘,让它们在池塘里慢慢长大。

Q2 那它们吃什么呢?

虾是食肉动物。我们给它们吃鱼粉。

Q3 这样做对大自然有害吗?

有些养殖场的确会对大自然造成破坏。

虾有很多排泄物,还有一部分食物也会沉淀到池底,所以水脏得非常快!

但是我们会非常小心,经常清理池塘,把沉淀的排泄物挖出来焚烧,而且从来不往海里扔任何脏东西哦。

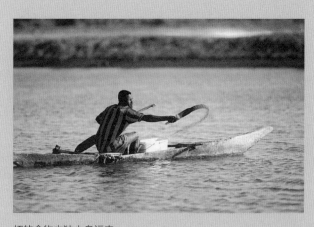

虾的食物由独木舟运来。

Q4 当然，虾也是可以从海里捕捞的……

是的，有些渔民用海底拖网将虾捞上来后直接将它们煮熟或者冷冻。此外，虾也可以像螃蟹和龙虾那样用筐来捕捞。

Q5 海鳌虾和大红虾是同类吗？

不是，但它们同样是甲壳类海洋生物，常生活在沟渠、沙地或淤泥中。人们常用海底拖网来捕海鳌虾。

海鳌虾

我们能在沙地上捕到什么

在卖鱼人那里，我见到了各种各样的贝类：蛤蜊，青口贝，牡蛎……这些又是怎么捕的呢？是人工养殖的还是海上捕捞的？

“是采来的！”约塞告诉我。

你知道吗

海水之所以出现涨潮和退潮的现象，是太阳和月亮的引力造成的。所有的海在一天内都会有涨有退，不过有些海几乎没什么变化，比如地中海。还有一部分海，像大西洋，则会退到很远。

要注意了，贝壳类生物对污染非常敏感！

约塞正在挖蛤蜊，有时候一脚下去，淤泥会没到脚踝！

收获颇丰！约塞这一篮蛤蜊足有 30 公斤重，而且蛤蜊的个头最小也要达到 3.5 厘米，小于这个尺寸的蛤蜊是不允许采集的。

炸鱼从哪儿来

→ 贝类是您"采"来的？

只是这么说而已，实际上是收集。这是我的职业，我是陆地上的渔夫。

→ 您都收集哪些贝类呢？

蛤蜊和蚶，它们生活在沙地和淤泥中。退潮的时候，它们就会往地里钻，等到潮水再涨起来才出来。我靠着它们留下的小洞找到位置，然后得使劲刨才能抓到它们。

→ 您用什么样的工具呢？

挖沙地里的蚶最常用的是耙，要对付躲在淤泥里的蛤蜊就只能用手了。

→ 还有别的方法捕捉贝类吗？

有，很多！比如说，可以用金属网来捞扇贝、文蛤或蛤蜊。

→ 贝类能养殖吗？

当然！我们能在陆地上的"育婴室"，也就是池塘里让小贝壳孵化出来。然后把它们撒入海底，让它们在那里生长，两年后就可以收获啦。其中养殖最多的是青口贝和牡蛎……

这是什么

蛤蜊的外壳十分光滑。

看到没有？这两个小洞，就是某只蚶或蛤蜊留下的噢。

而蚶的外壳上则有一道道的小波浪。

过来过来，小东西！

盐

沙地里有个细长的洞，这一定是竹蛏干的！

沙虫会在沙地里弄出一圈圈好玩的小卷。它们常常被用来做诱饵，不过它们可不能成为人类的食物哦。

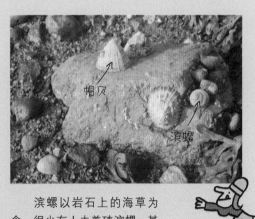

帽贝

滨螺

滨螺以岩石上的海草为食。很少有人去养殖滨螺，基本都是天然采集的。

如何养殖青口贝和牡蛎

我来到养殖青口贝的贝阿特丽斯家门口。"快进来！"他热情地招呼我，"快请坐，我正在为你准备青口贝呢！"

炸鱼从哪儿来

从四月份开始

1 人们在水中拉上绳子，这样，小青口贝幼体就能附着在上面了。

从六月份开始

2 路多维克把挂满小青口贝的绳子绕在木桩上，那是专门用来养殖青口贝的木栅。

青口贝一年到头都在生长。

③ 日升月落，潮涨潮退，青口贝们以各种浮游
植物为食，变得越来越肥硕。

一年后……从六月至十二月

④ 终于到了收获的时候！让我们坐上这艘小船去采青口贝吧，采集附着在木桩
上的青口贝需要用到采集机哦。

炸鱼从哪儿来

❺ 青口贝们被倒进船上的大筐子里，斯代凡在一旁小心地照看着。

❻ 回到陆地上，人们用机器将青口贝刮洗干净，然后把它们放进满是海水的大池子里，接下来就可以装袋啦。

牡蛎的养殖

养殖人从大海中捕捞上牡蛎幼体，然后将它们放入塑料网袋里，搁在棚架上。

工作人员要经常过来摇晃翻转塑料网袋，这样牡蛎才能好好生长，不会卡在网眼里。

牡蛎收上来后，为了使它们味道更加鲜美并且有好看的绿色，人们还会把它们放进水池里"精炼"一下。

海港是如何运作的

我在港口的码头上闲逛。发现有些地方
被路障封起来了，似乎不让人进。里面
究竟是什么地方？为什么不让人进呢？
在港务监督长办公室里，我找到了答案。

② 游艇港

① 渔港

→ 港口是如何运作的？

每艘船都有专门的去处：渔船去
渔港，游艇去游艇港，贸易港迎接的
则是载货的大货轮，轮渡码头负责乘
客们的往来。有些港口还有造船厂，
船在那里建造、修理。军港就只有军
舰能停泊哦。

→ 为什么港口有些地方不让进呢？

贸易港会有一些刚从货轮上卸
载或等待上船的贵重商品；有些地方
车来车往，还有吊车四处作业，非常
危险；还有军事禁区……这些地方都
是不让进去的哦。

炸鱼从哪儿来

这是什么

船要靠吊车把它吊起
来，然后放到船台上，接
受维修和清理。这叫船的
水下体整修。

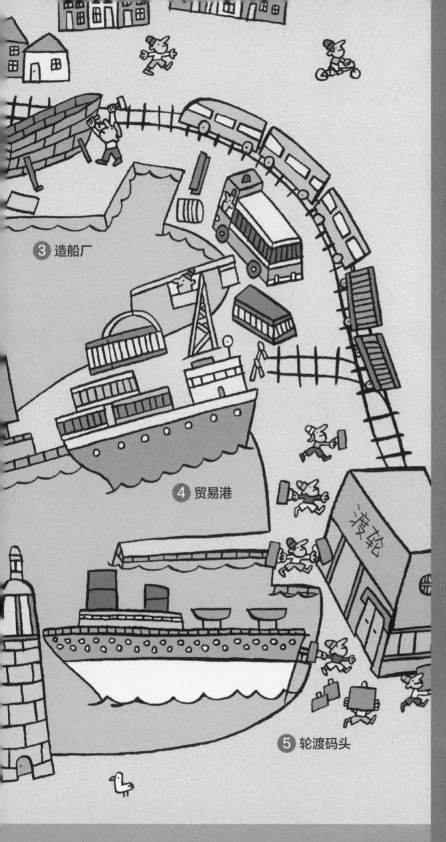

③ 造船厂

④ 贸易港

⑤ 轮渡码头

把这些船放到左图对应的位置上。

Ⓐ 渡轮

Ⓑ 货轮

Ⓒ 拖网渔船

Ⓓ 游艇

Ⓔ 建造中的远洋轮船

答案：A-5；B-4；C-3；D-1；E-2

盐从哪里来

厨房的调料架上有一盒海盐。我们都知道海水是咸的，可盐是怎么从海水里弄出来的呢？看来我得去盐田找答案了。我在那里见到了维罗尼克！

风

木刮板

制盐工用木刮板将盐推到盐池边上。

嗯，这个味道好极了！

盐角草

嘿，这可是盐！

最上面那层盐最细，也就是我们所说的盐花，颗粒较大的盐则会沉在盐池底。

太阳

盐池

这就是从飞机上看到的盐田。纵横交错，真像一座迷宫呢！

你在这里。

小盐山

采访制盐工维罗尼克

炸鱼从哪儿来

Q1 您在做什么呢，维罗尼克？

我在收集盐。

Q2 您的工作是什么呢？

我是一名制盐工。我让海水从池子里慢慢流过，这些池子就是专门用来蒸发制盐的盐田。经过风吹日晒，水分慢慢蒸发。最后那几个池子叫做盐池，池里的水含盐量特别高，留下来的盐要么沉在池底，要么会在表面形成一层硬壳。

Q3 然后您就开始收集了吗？

是的，而且必须尽快，得赶在雨把它们浇化之前全部收集完。

Q4 大家都像您这样收集盐吗？

不是的，在一些地方，收集盐的工作可以由一种像铲雪机那样的机器来完成，这种机器可以直接在大盐海里铲盐哦。

Q5 可是，海水中为什么会含盐呢？

海里的盐，其实是从陆地上来的。地球上的水在不断循环，雨水河水在流动的过程中，经过各种土壤和岩层，将这些物质中含有的盐分一点点带到大洋里去。这个过程非常缓慢，但是已经持续了上亿年，所以现在海里才有这么多的盐哦。

火成盐

岩盐

在阳光的照射下，海水会自然蒸发，当然也可以通过加热海水使其蒸发，这样得到的盐叫火成盐。海水里的盐也有可能被埋在土里，人们能从盐矿中挖出像岩石那样的大块，用炸药炸开就能得到盐，这样的盐被称为岩盐。

你知道吗

在亚洲的巴厘岛，人们将掏空的棕榈树树干当作盐田，通过往树干中浇海水来获得盐。

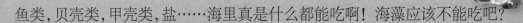

海藻真的能吃吗

鱼类，贝壳类，甲壳类，盐……海里真是什么都能吃啊！海藻应该不能吃吧？

"你错了，"海洋专家奥利维叶说，"你完全有可能吃到海藻，有时可能连你自己都没发现！"

58-59

炸鱼从哪儿来

➤ 所有的海藻都能吃吗？

不是的。海藻共有几千种，分三大家族：红藻，褐藻和绿藻。人类能食用的只有其中几种而已。

➤ 那如何加工海藻呢？

通常，会将采集来的海藻晒干，就是我们在市场上看到的海藻的样子。吃之前再用水泡发就可以了。海藻可以用来做汤，也可以凉拌，很多人都很喜欢它的味道。

➤ 可是我从来都没吃过海藻！

难道你没吃过冰淇淋不成？海藻的某些成分能让液态的物体变得黏稠，因此，冰淇淋工厂会在制作冰淇淋的过程中加入海藻，这样能使冰淇淋不易融化。牙膏里，药品胶囊里都含有海藻成分。你下厨做慕斯或布丁的时候，也会用到海藻哦。

➤ 怎样才能知道我吃的东西里是否含有海藻呢？

一般而言，包装上会标明成分。如果有 E400、E401……直到 E407，就说明含有海藻。

"我有满满一篮的海藻！"

人们用一个能转动的钩子来捞褐藻。

在中国，人们将褐藻，或者叫海带缠在长长的绳子上养在海里。采集后再晒干，这样能保存很长时间。

在菲律宾，海藻叫麒麟菜，或卡帕菜，由海洋园艺师种在水里。尽管是绿色的，但它们其实属于红藻。

海苔寿司的海藻从哪里来

① 在韩国，人们把这种红藻，也称为紫菜，种在网上。采集的紫菜直接在船上就被一个像剪毛器一样的东西剪成小碎片。

② 然后用淡水将它们洗净，剁碎并压成片状后在机器里烘干。

③ 将米饭和生鱼片卷入紫菜中，然后切成圆片：海苔寿司就做好啦！

各地的渔民如何捕鱼

一说到渔业，奥利维叶的新鲜事就能讲个不停。四十年来他的足迹遍布世界各地，见过许多渔民。让我们一起来翻看他的相册，看看那些令人难忘的场景吧。

炸鱼从哪儿来

海滩地拽网捕鱼——越南

贝岛的渔民——马达加斯加

在渔港晾晒春鳕——挪威

用袋网捕鱼——印度

打捞蛾螺——下诺曼底

种植红藻——智利

红藻种植——菲律宾

罩网捕鱼——中国

捕捞热带金枪鱼——塞内加尔

捕鱼归来——泰国海滩

人类食用海产品的历史

人类很早就开始捕鱼了吗？又是从什么时候开始吃海鲜的呢？以前的水手是怎么捕鱼的？让我们一起去寻找答案吧。

炸鱼从哪儿来

① 很久以前，居住在海边的人就发明了鱼叉来帮助他们抓鱼，偶尔也会采集贝类来填饱肚子。

② 公元前3000年左右，古埃及人开始用渔网捞鱼。他们还用骨头或金属做成鱼钩，系在绳子的一头，然后将绳子另一头系在船上，这样就可以用鱼钩来钓鱼啦。

③ 古希腊人和古罗马人酷爱食用盐渍或用油泡过的鲜鱼。他们开始用池塘养鱼，还会养殖牡蛎。

④ 同一时期，日本人开始人工养殖鱼类和种植海藻。

5 中世纪是帆船捕鱼的开端：人们开始使用更长的网来捕捞鲱鱼和沙丁鱼。那时的渔民可都是徒手收网呢！

6 到了 17、18 世纪，渔船越来越大，能同时容纳几十个渔民。为了方便保存，人们将钓上来的鱼直接在船上用盐腌好。

7 19 世纪，船都安上了蒸汽发动机。人们不再使用帆船出海捕鱼。蒸汽船动力强劲，能拉起口袋一样的大网。网越来越大，捕的鱼也越来越多。

8 20 世纪初，石油代替了蒸汽，船能航行得更快更远。船的底舱都是冷冻舱，冻着成吨成吨的鱼。

9 如今，电子设备使得船只能够准确地航行并找到鱼群聚集的地方。船航行得越来越远，捕鱼范围越来越广……

10 今天，警钟已经敲响！若想继续享用来自大海的美味，就必须严格控制捕捞的数量，这样人类才能与大自然和谐相处，持续发展。

骑士渔夫

比利时的渔夫竟然骑着马捕虾！他们驾着坐骑冲到水里，撒下网，沿着海滩一直拖，直到渔网装满为止。

罗马人酷爱的鱼酱

鱼酱能给菜肴提鲜。把鱼用盐腌上几星期，再挤压榨汁就能得到鱼酱。

神奇的骨螺

加勒比海的岛国居民非常爱吃海里的螺类，不过一定要小心牙齿！因为有些螺类和牡蛎一样，会把进入壳里的杂质用珍珠质裹起来，形成一粒珍珠，千万不要被它硌到牙齿哦。

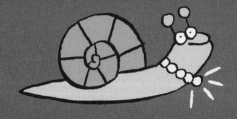

豪华海藻

日本人酷爱海藻，以至于在东京有一些豪华商铺专门提供珍稀海藻，有些藻叶简直价比黄金！

长羽毛的水手

在亚洲，一些渔民有养鸟捕鱼的传统，比如养鸬鹚。看到主人的手势，经过培训的鸬鹚就会飞过去将鱼叼起。由于主人都会给鸬鹚戴上脖套，因此它们得到鱼却无法吞咽下去，只能回到船上将鱼交给主人，渔民只需坐等收成就行啦。收成，就在鸬鹚的嗓子眼儿里！

海豚渔夫

毛里塔尼亚的因哈古安渔民至今仍沿袭着传统的海豚捕鱼法。海豚看到渔夫的手势，就会把鱼往沙滩上赶，鱼儿们惊慌失措之下便会跳进渔夫的网里。当然啦，海豚也不会白干，收获的食物也有它们一份！

炸鱼从哪里来